Introduction Au Machine Learning A Travers La Poésie

Analogie : La végétation fruitière

L'école Transdisciplinaire et Interdisciplinaire

Changement Climatique, Yeesho Poetry et Poésie

Autrice et Illustratrice : Yeeshtdevisingh Hosanee

Droit d'auteur

Édition : BoD · Books on Demand, 31 avenue Saint-Rémy, 57600 Forbach, bod@bod.fr

Impression : Libri Plureos GmbH, Friedensallee 273, 22763 Hamburg (Allemagne)

ISBN: 978-2-3224-7847-7

Dépôt légal: Février 2025 (Envoyez à la BnF France)

Aux Lecteurs

Ce livre, conçu sous forme de poésie, établit un lien entre l'art et la science. Les humains possèdent de nombreux outils fournis par la science. Cependant, avec leurs facultés de calcul, de prise de décision, de créativité et d'humour, ils incarnent toujours l'art de la nature.

Le changement climatique devient un aspect important de notre vie. Tandis que la créativité humaine doit exceller par l'innovation des technologies, l'apprentissage automatique ou le Machine Learning (ML) à travers les concepts de l'intelligence artificielle (IA) nécessite de l'énergie électrique de notre monde.

L'apprentissage automatique, le Machine Learning (ML) consiste à apprendre l'environnement des machines. Ces dernières peuvent être des ordinateurs ou des smartphones. Les humains apprennent également de manière similaire à eux. Ils apprennent de leurs environnements, trouvent des motifs et construisent de nouvelles choses. Cependant, le ML se passe à l'intérieur d'un ordinateur dans l'espace numérique, tandis que les humains apprennent de l'espace environnemental physique.

Les humains sont la seule espèce au monde à connecter des points entre le physique et le numérique, et vice versa. Comprendre comment une machine apprend peut les aider à prévenir les biais et à décider quand ne pas utiliser les machines pour sauver la planète.

Autant l'innovation est importante, autant le changement climatique, les humains et l'IA doivent s'aligner. La meilleure façon de montrer leur alignement est d'utiliser la poésie pour les connecter de manière interdisciplinaire et transdisciplinaire.

Ce livre nous rappelle que les humains ont une identité à travers toutes les évolutions de la planète Terre, afin que la génération Z et Alpha puissent revendiquer ces fondations dans leur leadership.

Dans ce livre, la végétation fruitière est utilisée comme une analogie pour montrer comment la culture des cultures et des fruits nous conduit au même comportement que l'apprentissage automatique. Meilleure est la culture, meilleures sont les cultures et les fruits.

Table de Matières

Poème 1 : La Végétation

La Végétation, un processus de culture,

Légumes et fruits s'entrelacent dans la nature,

Atouts pour le fermier à gérer,

Une vente au marché à anticiper,

Et les clients du marchand à éveiller.

La Végétation, couverte ou découverte,

Sous la serre, la nature reste ouverte,

Les responsabilités des fermiers non surveillées,

Alors que les modèles météo sont anticipés.

Dans la ferme sans serre abritée,

Les fermiers surveillent le modèle,

Ils observent le temps qu'il fait,

Et les défis des pestes révélés.

Les dangers, gérés différemment résonnent,

Dans des scénarios de serres couvertes et découvertes,

Par la végétation supervisée et non supervisée,

Similaire au ML supervisé et non supervisé,

Le premier surveille, le second, moins chargé.

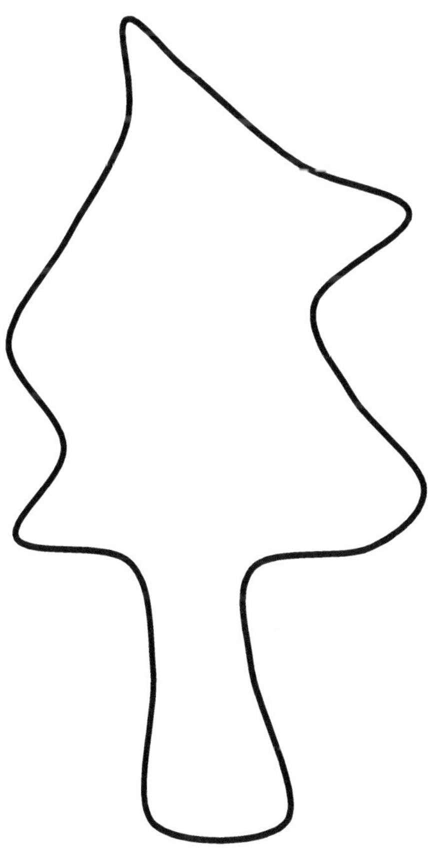

Poème 2 : Le Logiciel Numérique

Un logiciel, un outil numérique

Agit comme une casserole électrique,

Bouillant les nouilles qui s'enroulent.

Les nouilles, les données,

Pour le logiciel, un grand drame joué.

Le logiciel fait bouillir les données,

Les présente aux utilisateurs d'ordinateurs,

Comme des nouilles dans l'assiette des mangeurs.

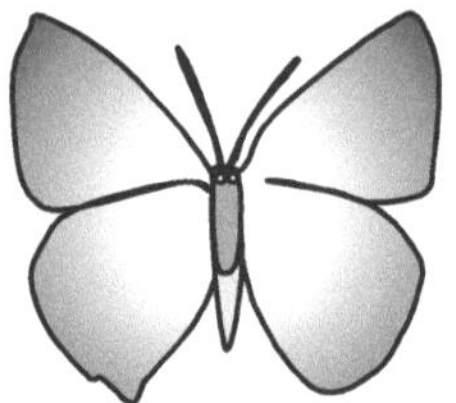

Un logiciel a besoin de données en entrée,

Comme les ingrédients de la casserole à ajouter,

Légumes, viande, dans la vue de la casserole.

Les entrées du logiciel, encodées et décodées,

En information numérique, prêtes à être moulées,

Par un utilisateur, dévoué à un logiciel de l'ordinateur.

Les entrées de la casserole, encodées et décodées,

En viande bouillie et nouilles, prêtes à être moulées,

Par une personne, un mangeur, dévoué à la casserole de nouilles.

Le logiciel, comme la casserole, fait bouillir les entrées,

En les décodant, comme des tractions,

Les encodant dans les boucles bouillies,

Présentant à une personne le résultat.

Leurs comportements similaires, exemplifiés,

Des entrées bouillies, les sorties mécanisées.

Leurs différences, compartimentalisées,

Le logiciel vit dans un monde digitalisé,

La casserole vit dans un monde physique.

Le monde digitalisé, fait couler les flux,

Des entrées bouillies, des sorties en lignes numériques.

Le monde physique, fait couler les flux,

Des entrées bouillies, des sorties en lignes réelles.

Poème 3 : Les Données Numériques

Les données numériques, une information sans signification,

Collectées par la transmission numérique en action,

Recueillies pour la communication physique en motion.

Une valeur "1234" est sans valeur,

Son interprétation est de multiples lueurs.

Le médium numérique transmet la valeur de façon invisible,

Le logiciel numérique décode la valeur de manière lisible,

D'une donnée sans valeur à une information précieuse,

"1234" peut être un numéro de téléphone en attente,

"1234" peut aussi devenir une carte d'identité d'étudiant.

Les indices explicites et implicites définissent le contexte.

Les logiciels traditionnels, non-ML, utilisent des indices explicites.

Le Machine Learning, ou ML, utilise des indices implicites.

Les indices explicites utilisent des informations statiques saisies par l'utilisateur,

Pour prédire que "1234" est un numéro de téléphone utile.

Les indices implicites utilisent des informations dynamiques saisies par la machine,

Pour prédire que "1234" est un numéro de téléphone utile.

Les logiciels non-ML et ML encodent et décodent,

Des données sans signification en informations utiles.

Les indices implicites dans les logiciels ML sont capturés plus rapidement,

Que les indices explicites dans les logiciels non-ML.

Mais tous deux rencontrent leurs propres défis.

Les logiciels ML dépendent fortement de grands ensembles de données,

Les logiciels non-ML peuvent fonctionner avec de petits ensembles de données.

Une mauvaise précision peut survenir dans les deux cas si les données,

Transmises sont erronées pour le mauvais contexte.

Dans le domaine numérique où le code et les logiciels se mêlent,

Les logiciels non-ML et ML s'efforcent de définir,

Des données sans signification en des informations éclatantes,

La danse de l'encodage et du décodage des données, dans le sanctuaire de silicium.

Les logiciels ML, avec leurs indices implicites si précis,

Capturent les motifs plus rapidement, dans un rêve computationnel.

Les logiciels non-ML, avec des indices explicites, jouent leur rôle,

Même avec de petits ensembles de données, ils trouvent leur âme.

Pourtant, des défis se cachent dans les chemins des logiciels, si clairs,

Le ML a soif de vastes ensembles de données, un besoin constant à suivre.

Le non-ML, bien que petit en ensembles de données, peut encore manquer la cible,

Si le contexte ou les données erronés, dans le système numérique, s'embarquent.

La précision, l'objectif, peut être mal chantée,

Si les données fournies, du mauvais contexte, ont jailli.

Dans cette quête numérique pour une lumière significative,

Les deux types de logiciels doivent bien gérer les données.

Poème 4 : L'exploration de Données

L'exploration de données, creuse en profondeur,

Les outils logiciels, balayent le sol avec ardeur.

Les résultats comme des figues, mûrs et doux,

La connaissance récoltée, sans déroute.

Le fermier avec sa houe, dans le champ,

Mine le sol, les secrets révélant.

Les jours ensoleillés, le sol devient pierre,

Difficile à labourer, seul sans lumière.

La pluie tombe, adoucit la terre,

Le sol recouvre tout, sans bruit, sans air.

Le fermier découvre, les graines à planter,

Le sol recouvre à nouveau, comme il veut s'ajuster.

De nouvelles données coulent, comme un ruisseau,

Le machine learning, un rêve d'exploration de données, si beau.

Découvrant des motifs, cachés et profonds,

Dans le monde numérique, où nous récoltons,

Autant que le fermier découvre son tas de terre, sans fond.

Poème 5 : Les Flux de Données

Les ensembles de données, un ensemble de valeurs,

Quantitatives ou qualitatives, une lueur apportée.

1,2,3,4, dans un grand ensemble de données,

Plus fiable pour commencer,

Que 1,2 dans un petit ensemble de données.

Les grands ensembles de données,

Évitent de manquer des informations précieuses.

Ces actifs informationnels,

Indispensables à un contexte.

Des ensembles de données augmentés,

Inhibent les flux de données.

En vrac ou progressivement,

Les données existantes superposées,

En multiples dimensions et directions,

Avec l'ajout de nouveaux flux de données.

Les ensembles de données, nourris,

Créent une gamme de graines,

Comme des valeurs pour nos actes.

Poème 6 : La Mangue et le Machine Learning (ML)

Le manguier doux,

Agit comme un tango vibrant.

Parfois comme un piano silencieux.

Quand il y a du vent, un arbre en tango,

Les mangues tombent en cascade dans le flot.

Quand il fait soleil, un arbre en piano,

Les mangues défient le temps, mûrissant lentement,

Des murmures verts à une lueur jaune éclatante.

Le Machine Learning, ou ML,

Agit de même comme un tango vibrant,

Dansant à travers les données ML avec un éclat perspicace.

Parfois comme un piano silencieux,

Il apprend patiemment, en écho rythmique,

Transformant la connaissance brute en un crescendo puissant.

Dans la symphonie du ML comme technologie et de la nature,

Tous deux jouent leur interlude unique,

L'un dans le domaine de la terre brute,

L'autre dans l'humeur de l'univers numérique.

Ensemble, ils nous rappellent la chance complexe,

Entre le monde naturel et la danse humaine

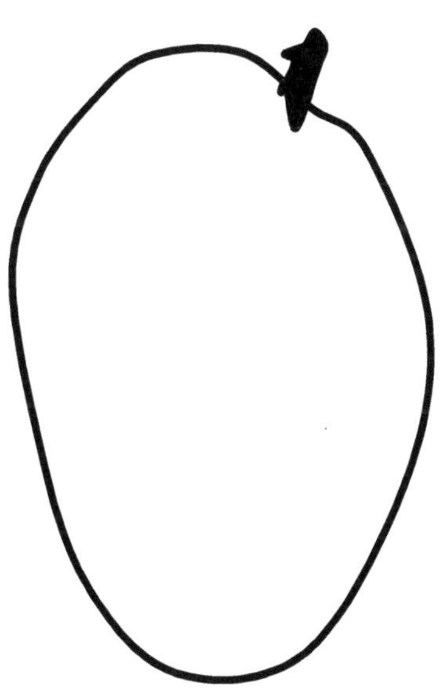

Poème 7 : Les Pommes et le Machine Learning (ML)

Les pommes, en différentes couleurs,

Vertes, rouges, souvent des polariseurs.

Blanches et oranges, souvent derrière nos cols.

Les variétés de couleurs nous éblouissent,

Peu de gens connaissent leurs histoires,

Comme un client, visitant un marché de fruits,

Sans se questionner, explorant l'espace,

Un autre article à chasser et acheter,

Occupant pleinement notre esprit.

Le Machine Learning, ou ML,

Agit comme le marché de fruits,

Les décideurs ML comme des Hamlet humains

Choisissent un modèle de données comme un panier de fruits.

Les données choisies, comme des pommes choisies.

Les pommes différenciées par des caractéristiques de couleur,

Les données, aucune caractéristique de couleur.

Les données ont des linguistiques situationnelles,

Avec des informations dans un style artistique.

Les variétés de ces données de ML,

Différentes sources d'informations,

Comme des pommiers triennaux,

Avec des branches greffées.

Le processus de greffage,

Un processus biologique,

Produit non moins,

Mais sûrement des pommes colorées.

Juteuses, faciles à digérer.

Le fermier, greffant le greffon,

D'une branche, coupée avec précision,

Le greffe au porte-greffe,

D'un nouvel arbre, une addition fraîche.

Greffon, porte-greffe, bourgeons, fusion,

Conduisent à des couleurs de pommes, une diversion.

Le modèle ML, comme le fermier,

Greffe des informations comme le greffon,

D'une source différente, coupée avec précision,

Le greffe à la progression du modèle existant,

Comme une addition fraîche.

Le modèle ML utilise la fusion

Pour rassembler des données en progression,

Comme la passion de l'arbre greffé,

Pour cultiver des données ML, comme des pommes.

Mais le modèle ML, en résultat

De cette fusion, produit non pas quelques,

Mais une sortie significative,

Pour que le modèle ML prospère,

Contrairement au fermier, en résultat

De cette fusion, produits quelques

Belles pommes

Pour le marché de fruits et les clients.

Poème 8 : Les Oranges et le Machine Learning (ML)

La Floride aux États-Unis,

les pays méditerranéens,

Le Brésil et certaines parties d'Asie,

Tous communément, des régions ensoleillées.

Ces régions, idéales pour certains types d'oranges,

Navel, Valencia, prêtes à mûrir dans les champs oranges.

Dans ces régions, la vitamine C des agrumes prospère,

Avec beaucoup de soleil et une vie chaude et humide, si claire.

La Navel, avec sa peau facile à peler,

Sans pépins, un plaisir à savourer.

Valencia, son jus si doux,

Un régal de fin de saison, un exploit d'agrumes,

Mémorable, à ne pas quitter.

Ces oranges, dans leur habitat naturel,

Poussent mieux dans les zones ensoleillées, sans égal.

En cas de froid inattendu, comme en Corée du Sud,

Les oranges, Navel, Valencia,

Se gâtent et se transforment en une feta jaune,

Dure et froide, comme une tortilla fine.

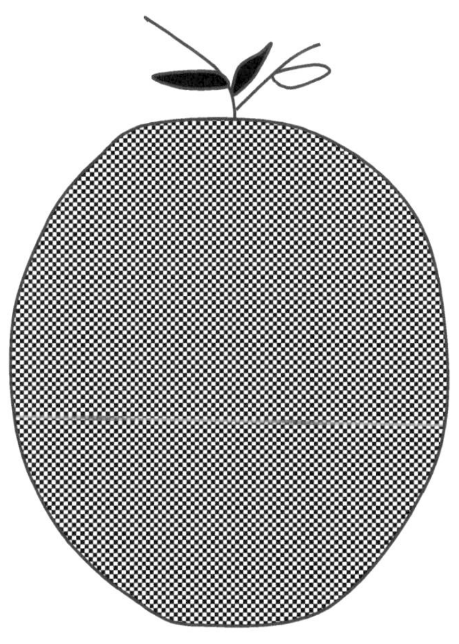

Un léger changement de température,

Catastrophique pour la texture des oranges.

Un grand soin requis, comme une couverture.

Brise-vent, pots anti-gel, des solutions éveillées,

Couvre-rangs, arroseurs en hauteur, des inclusions,

Réduisent le risque de destruction des oranges,

Quand la température chaude, en attrition.

En Machine Learning, ou ML,

L'attrition de la température froide,

Un outlier ML pour la séclusion de la température chaude.

Les outliers de température, identifiés par les logiciels ML,

Aident et accélèrent les solutions des fermiers,

Brise-vent, pots anti-gel, à ne pas épargner,

Couvre-rangs, arroseurs en hauteur, bien présents.

Poème 9 : Les Raisins et le Machine Learning (ML)

Noir, bleu foncé, jaune, vert,

Orange, rose, cramoisi, des faisceaux de couleurs.

Qu'est-ce que c'est ?

Les variétés de raisins éclatent,

Mais difficiles à ordonner,

Quand mélangés, non classés et indivisés.

Heureusement, pour la production de vin,

Que les raisins soient mélangés ou non,

Le résultat est une composition savoureuse.

En Machine Learning, ou ML,

Les données sont mélangées, comme les raisins mélangés.

Étape 1, collecte des données ML,

Raisins récoltés,

Soigneusement sélectionnés,

Pour la qualité des données et des raisins.

Étape 2, nettoyage des données ML,

Égrappage et écrasement des raisins,

Suppression des parties indésirables,

Gestion des valeurs manquantes, des données ou des raisins.

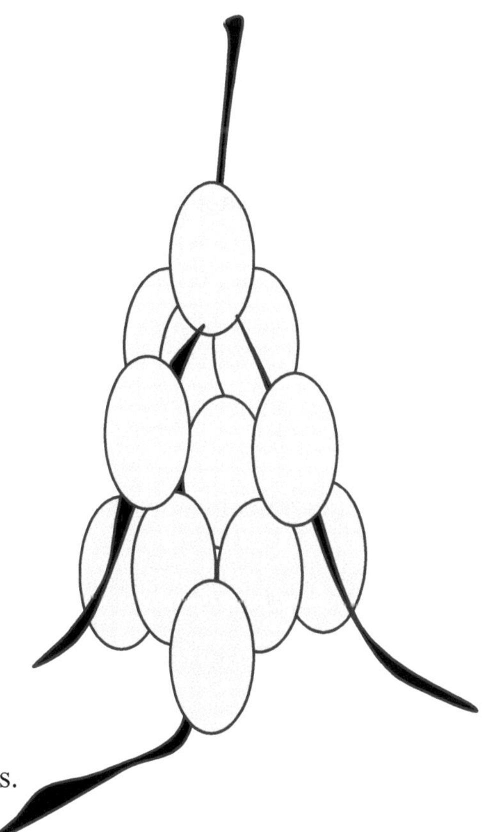

Étape 3, ingénierie des caractéristiques ML,

Pressurage des raisins,

Extraction du jus.

Le jus extrait affecte l'arôme et la saveur du vin,

ML extrait des caractéristiques de la connaissance du domaine,

Mais avec une mauvaise extraction ML, les prédictions tournent au vinaigre,

Miroitant un vin mal fait, laissant un mauvais goût.

Étape 4, prétraitement des données ML,

Fermentation des raisins,

Transformant les sucres du jus de raisin en alcool non buvable,

Par mélange de levure.

Les données prétraitées par ML, dans un format non-utilisateur,

Comme le format non buvable de l'alcool.

Les processus magiques de ML,

De l'encodage des données catégorielles à la mise à l'échelle,

Et la normalisation des données pour produire ce format non-utilisateur.

Étape 5, entraînement du modèle ML,

Au fil du temps, le processus de vieillissement du vin,

Dans des cuves en acier inoxydable ou des bouteilles, attendant.

Arômes et saveurs, au fil du temps.

ML laisse son modèle d'entraînement perdurer,

Pour saisir l'essence des données, leur arôme et leur allure.

Reconnaissance des motifs de données, caractéristiques discernées,

Dévoilant les secrets du modèle entraîné, comme les secrets de l'alcool du vin.

Étape 6, évaluation ML, le processus

de contrôle de qualité du vin,

Données ML imprévues, test de légitimité,

Vins mauvais imprévus, test de confirmation.

Étape 7, déploiement du modèle ML,

Mise en bouteille du vin, plaisir,

Inclut l'accord de vente du vin prêt,

Tout comme le modèle ML est prêt à prédire,

Avec un but, un plaisir pour le client du vin et l'utilisateur de ML.

Étape 8, surveillance et mise à jour ML,

Un processus reflétant l'art de la cave à vin.

Comme les vins évoluent dans la bouteille,

Les données ML nécessitent des conditions pour suivre.

Tout comme les vins ont besoin de conditions de stockage spécifiques pour vieillir avec grâce,

Les données ML peuvent devenir obsolètes, nécessitant une nouvelle place.

Les mises à jour et la surveillance assurent la pertinence du modèle,

Tout comme le soin apporté à l'essence d'une cave à vin.

Le vin et le Machine Learning (ML) partagent des similitudes,

Car ML utilise les données comme le vin utilise les raisins.

Les deux nécessitent une sélection et un traitement minutieux,

Pour donner des résultats précis et nets.

Comme le vin est créé à partir de l'essence de la vigne,

Les modèles ML sont construits à partir de données, pièce par pièce, fines.

Les deux sont des produits du temps, des soins et de l'expertise,

Créant des expériences qui ravissent et apaisent.

Poème 10 : Les Poires et le Machine Learning (ML)

Rosaceae, structure distincte,

Avec des fleurs de cinq pétales et sépales succinctes,

Les pétales et sépales font partie de l'image fleurie.

Rosaceae, inclut variété de fruits,

Pommes du genre génétique Malus,

Poires, du genre génétique Pyrus,

Cerises du genre génétique Prunus.

Asteraceae, pas de pétales ni sépales,

Fleurs minuscules, les fleurons ornementaux,

Laitue, partie de la famille hiérarchique,

Pétales et sépales existent en monumental.

Du genre génétique Lactuca,

Qui produit la laitue comme aliment spécial.

Lamiaceae a des pétales et sépales,

Genre, Genera au pluriel,

Produit des feuilles et fleurs aromatiques,

Menthes, romarin, basilic et lavande,

Pour agrémenter un bon plat à conquérir.

Pour que les plantes poussent,

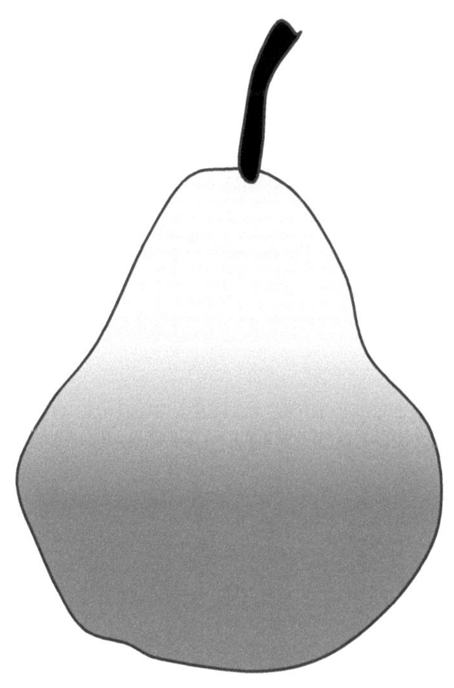

Portent des fruits lentement,

Arrosez-les jusqu'aux racines.

En deep learning, un concept,

En machine learning (ML), un projet,

Input, hidden et output layer.

Dans nos exemples de plantes, l'eau est en entrée,

Les fruits ou feuilles en sortie,

Fruits comme la pomme, la poire,

Feuilles comme la menthe, la lavande,

La couche cachée est un mystère à explorer.

Dans la profondeur du réseau neuronal, un mystère se dévoile,

Une couche cachée, où les secrets se révèlent.

Elle consiste en une ou plusieurs couches d'entrée,

Un royaume de multi-perceptrons, où la vraie puissance réside.

La structure familiale, une première couche d'entrée,

La famille Rosaceae, héritant d'un ancêtre rare,

Un ancêtre avec une divergence génétique, une histoire à partager,

Une deuxième couche cachée, où les branches commencent à apparaître.

Le genre Malus, pour les pommes, dans cette couche fleurit,

Le genre Pyrus, pour les poires, dans le même espace génétique.

La classification des genres, une troisième couche cachée, si astucieuse,

Peut se comprendre par des indices morphologiques, génétiques et moléculaires.

Ces couches cachées, créent un réseau de multi-perceptrons,

En Machine Learning, un chemin à tracer et à transmettre.

Pour retrouver en arrière depuis le fruit de la pomme, si doux et rond,

Sa composition génétique, dans ces couches, nous pouvons trouver sans fin.

À travers l'œil du réseau neuronal, nous pouvons voir le passé,

Dévoilant l'histoire de la formation des espèces.

Dans les profondeurs des données, la vérité que nous cherchons à trouver,

Dans les couches cachées, où les liens ancestraux se lient.

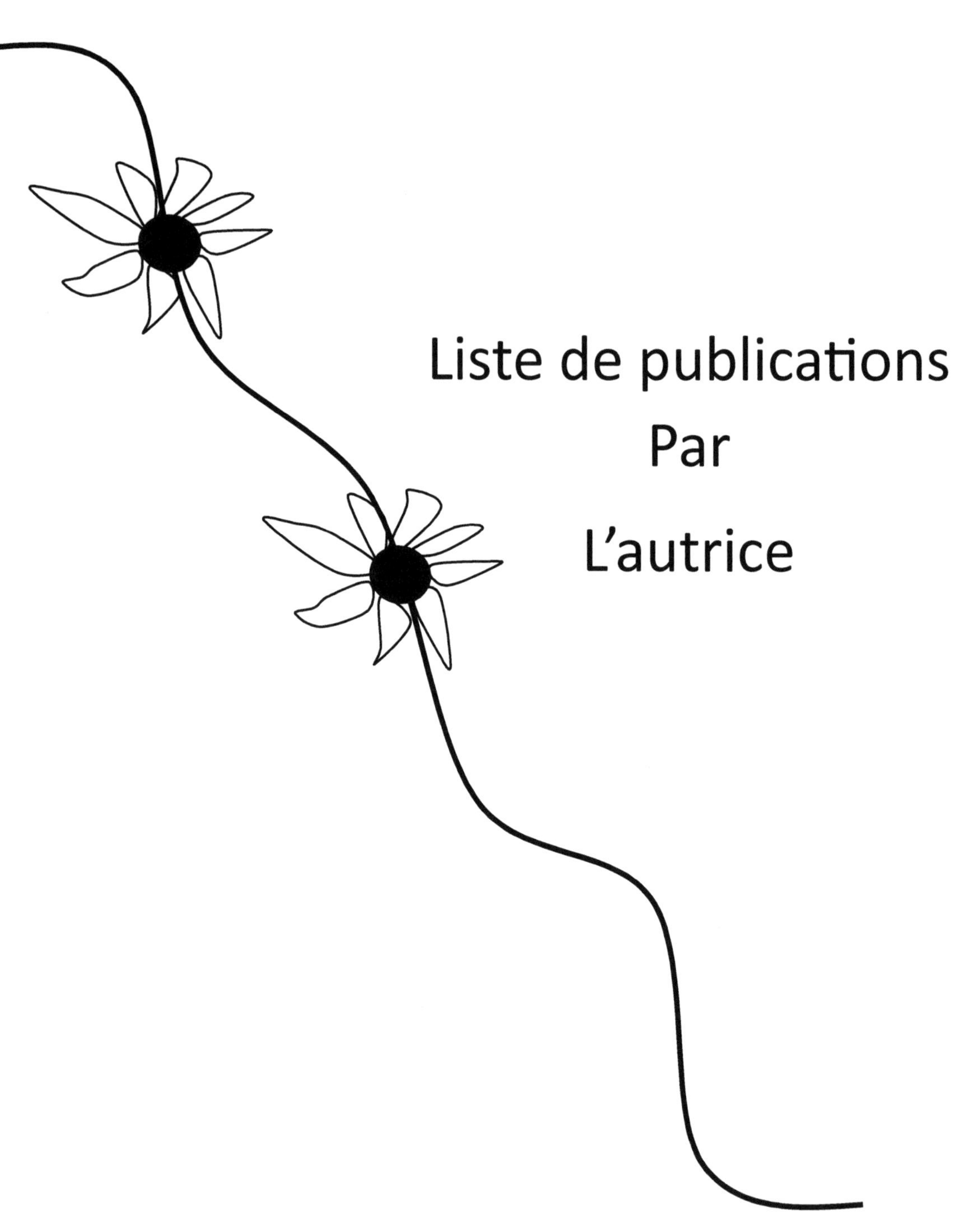

Liste de publications

Par

L'autrice

La Liste

Table 1 Liste de publications Par Yeeshtdevisingh Hosanee

	Titre	Date de Pub.	Age	ISBN
1.	APRAN PROGRAMMING DANS PYTHON (learn programming in Python, English version)	20/11/2021	10+	9789994908653
2.	Learn Python Programming	1/6/2022	10+	9789392274787
3.	Learn Java Programming	1/6/2022	10+	9789392274770
4.	Machine Learning: The 10 Classifiers In Python	17/8/2023	10+	9789392274893
5.	Artificial Intelligence: The 10 Examples In Python	17/8/2023	10+	9789392274558
6.	Artificial Intelligence - The Python Chatbot in Australia	18/3/2024	10+	9781923020566
7.	Diwali Celebration in Python	26/10/2024	8+	9789363555174
8.	Diwali Celebration in Python (French)	2/10/2024	8+	9789363553040
9.	Mother AI For This Christmas	11/11/ 2024	3+	9798346198673
10.	La mère ia pour ce noël : Les PREMIÈRS CONTES DE NOËL pour les enfants de 3+ ans À L'ÈRE DE L'INTELLIGENCE ARTIFICIELLE (AI)	2/11/ 2024	3+	9782322478620
11.	The Yeehos Tech-Poetry: My computer mimics My Badminton Players & Gardeners	12/11/ 2024	10+	9782322558339
12.	La fête des lumières en java (diwali): Les contes de Codage avec Crayon et du Papier pour les Enfants de 10+ Ans	2/11/2024	10+	9782322478859
13.	Emily Identity in 2050 (Internet of Things) Yeesho Poetry et Poesie The Transdisciplinary & Interdisciplinary school	29/01/2025	10+	9781836547334, 9781836547341

FSC
www.fsc.org
MIXTE
Papier issu
de sources
responsables
Paper from
responsible sources
FSC® C105338